U0155446

哈哈哈！有趣的动物（第一辑）

猫头鹰

〔法〕蒂埃里·德迪厄 著

大南南 译

湖南教育出版社

·长沙·

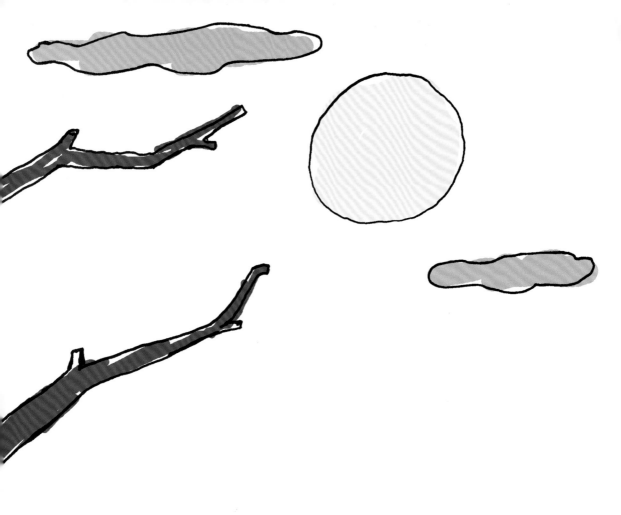

"为了接近猫头鹰，我不得不做了些体能锻炼。这是我观察到的情况。"

——永田达爷爷

猫头鹰在夜晚看得非常清楚。

它生活在树洞里。

猫头鹰吃老鼠。

猫头鹰飞行时几乎没有声音。

猫头鹰有一个长得很可怕的近亲。

巫婆很喜欢猫头鹰。

呜！

呜！

它会模仿幽灵的叫声。

它的头几乎可以前后转一个整圈。

它会把不消化的食物残渣吐出来。
（如骨头、毛发……）

猫头鹰宝宝长得很丑。

"我也许更喜欢观察狮子……"

如何带着一岁的孩子读
《哈哈哈！
有趣的动物》

一岁的孩子就能读科普书？

没错，因为这是永田达爷爷特别为低龄小朋友准备的启蒙科普书。家长们会发现，这本书的文字量很少，画面传递的信息非常精简，但是非常有趣，特别适合爸爸妈妈跟孩子进行亲子阅读。

赶紧和孩子一起翻开这本《猫头鹰》，跟着永田达爷爷一起来观察猫头鹰吧！

翻开书之前，找来猫头鹰的叫声录音让孩子听一听，告诉孩子，因为猫头鹰总是晚上出来活动，所以这个叫声有点儿像幽灵的叫声。之所以能在夜晚活动，是因为猫头鹰拥有超凡的视力，就像在黑漆漆的夜晚打开了手电筒，能把黑暗里的物体照得清清楚楚。猫头鹰还有一项"独门绝技"，那就是它的头几乎可以转一圈，这是不是很神奇呢！合上书，让孩子说一说猫头鹰生活在哪里，喜欢吃什么，在童话故事里什么人最喜欢猫头鹰。

图书在版编目（CIP）数据

哈哈哈！有趣的动物. 第一辑. 猫头鹰 /（法）蒂埃里·德迪厄著；
大南南译. —长沙：湖南教育出版社，2022.11
ISBN 978-7-5539-9284-6

Ⅰ.①哈… Ⅱ.①蒂… ②大… Ⅲ.①鸮形目 – 儿童读物 Ⅳ.①Q95-49

中国版本图书馆CIP数据核字（2022）第190735号

First published in France under the title:
La Chouette
Tatsu Nagata
© Éditions du Seuil, 2006
著作权合同登记号：18-2022-213

HAHAHA! YOUQU DE DONGWU DI-YI JI MAOTOUYING

哈哈哈！有趣的动物 第一辑 猫头鹰

责任编辑：姚晶晶 陈慧娜 李静茹
责任校对：王怀玉
封面设计：熊 婷
出版发行：湖南教育出版社（长沙市韶山北路443号）
电子邮箱：hnjycbs@sina.com
客服电话：0731-85486979
经 销：湖南省新华书店
印 刷：长沙新湘诚印刷有限公司
开 本：787 mm × 1092 mm 1/16
印 张：1.75
字 数：10千字
版 次：2022年11月第1版
印 次：2022年11月第1次印刷
书 号：ISBN978-7-5539-9284-6
定 价：152.00 元（全8册）

本书若有印刷、装订错误，可向承印厂调换。